电子科技科普系列绘本

U0325945

你知道与不知道的广播

赵轲 编著

电子科技大学出版社

University of Electronic Science and Technology of China Press

· 成都 ·

图书在版编目（CIP）数据

你知道与不知道的广播 / 赵轲编著. —成都 ：电
子科技大学出版社，2023.1
ISBN 978-7-5770-0051-0

I. ①你… II. ①赵… III. ①广播技术—少儿读物
IV. ①TN931-49

中国版本图书馆CIP数据核字（2022）第257053号

你知道与不知道的广播
NI ZHIDAO YU BUZHIDAO DE GUANGBO
赵轲　编著

策划编辑　谢忠明　段勇
责任编辑　黄杨杨

出版发行　电子科技大学出版社
　　　　　成都市一环路东一段159号电子信息产业大厦九楼　邮编 610051
主　　页　www.uestcp.com.cn
服务电话　028-83203399
邮购电话　028-83201495

印　　刷　四川煤田地质制图印务有限责任公司
成品尺寸　210mm×210mm
印　　张　1
字　　数　20千字
版　　次　2023年1月第1版
印　　次　2023年1月第1次印刷
书　　号　ISBN 978-7-5770-0051-0
定　　价　26.00元

创作团队

顾问

陈德利

儿童顾问

陈欣悦

著者

赵轲

创作人员

郝聪婷　叶桂兰　王念慈　彭杰　王蕊

设计制作

吴依诺　付学瑞　汤伟东

AR开发

苏州和云观博数字科技有限公司

AR绘本这样用

1 微信扫描二维码，打开电子科技博物馆 AR 绘本小程序，选择社教板块。

2 扫描有 ⊡（小眼睛图标）的页面。

3 看图片、听语音，观看精彩的视频，让你全方位了解"广播"这件了不起的发明。

姓名：雷金纳德·费森登
简介：美籍加拿大裔科学家，无线电
　　　广播发明者。

姓名：小科
简介：6岁的小男孩，喜欢电子科技产品，
　　　对世界充满好奇，喜欢探索和提问。

1

这天，小科又来到电子科技博物馆，他在展柜上看到一个插有耳机的奇怪匣子。小科戴上耳机，那头传来了一段美妙的音乐。小科正在疑惑这个匣子是怎么发出声音的时候，一位名叫费森登的老爷爷出现了。他告诉小科，这个奇怪的匣子是矿石收音机。在费森登的带领下，小科踏上了解收音机与广播的旅程……

无线电波的发现

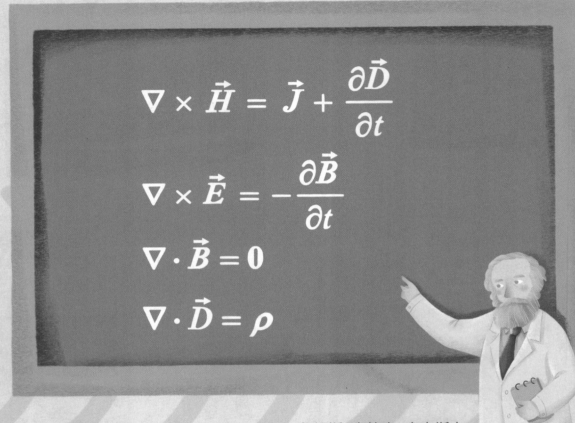

$$\nabla \times \vec{H} = \vec{J} + \frac{\partial \vec{D}}{\partial t}$$

$$\nabla \times \vec{E} = -\frac{\partial \vec{B}}{\partial t}$$

$$\nabla \cdot \vec{B} = 0$$

$$\nabla \cdot \vec{D} = \rho$$

詹姆斯·克拉克·麦克斯韦

　　英国物理学家、数学家詹姆斯·克拉克·麦克斯韦，系统、全面地阐述了电磁场理论，还预言了电磁波的存在，敲开了现代无线电通信的大门。

亨利希·鲁道夫·赫兹

1887 年，德国物理学家亨利希 · 鲁道夫 · 赫兹首先用实验证实了电磁波的存在，为无线电通信的产生创造了条件。

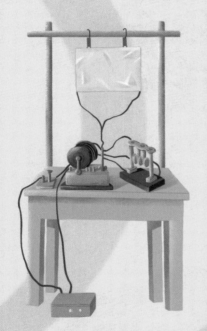

无线电通信设备

亚历山大·斯塔帕诺维奇·波波夫

伽利尔摩·马可尼

之后，俄国物理学家亚历山大 · 斯塔帕诺维奇 · 波波夫和意大利物理学家伽利尔摩 · 马可尼，分别成功地进行了无线电通信试验。无线电通信是一种将电信号调制在无线电波上，经空间和地面传至对方的通信方式。

广播的出现

最初的无线电通信是用摩尔斯电码发送和接收无线电报。

1906 年圣诞节前夕，雷金纳德·费森登通过美国马萨诸塞州的无线电塔成功进行了一次广播，发送了圣诞故事、小提琴演奏曲和讲话，完成了人类历史上第一次无线电广播实验。

1912 年，美国无线电工程师埃德温·霍华德·阿姆斯特朗发明了超外差电路，同年，超外差收音机诞生了，这使得收音机的制造过程大大简化，为工业化生产提供了条件。

埃德温·霍华德·阿姆斯特朗

1920 年 11 月 2 日，美国威斯汀豪斯公司在匹茨堡的 KDKA 电台播出沃伦·加梅利尔·哈定当选总统。此后，苏联、英国、中国等国家纷纷建立了广播电台。

沃伦·加梅利尔·哈定

整个无线电通信与广播事业的发展历史，其实是多位科学家共同努力的结果。

广播的工作原理

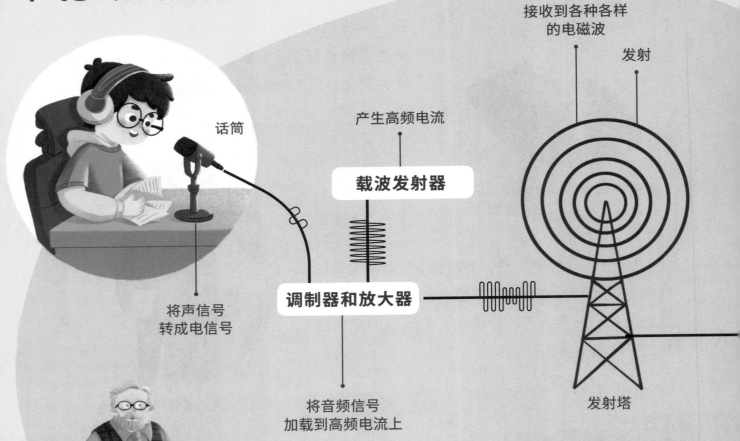

话筒

将声信号
转成电信号

产生高频电流

载波发射器

调制器和放大器

将音频信号
加载到高频电流上

接收到各种各样
的电磁波

发射

发射塔

　　无线电广播信号的发射是由广播电台完成的。话筒将播音员的声音信号转化为电信号，然后把音频电信号加载到高频电流上，再通过天线产生电磁波发射到空中。这种把声音信号加载到高频电磁波上，使之成为随声音变化的电流的过程，叫作调制。

信号的接收则是由收音机完成的。收音机的天线能接收到各种各样的电磁波，转动收音机调谐器的旋钮，可以从中选出特定频率的信号，这一步叫作调谐。

而由调谐器选出的信号含有高频电流成分，需要通过解调将其滤掉，将音频信号留下。音频信号经放大后被送到扬声器里，再转换为声音，就能听到广播节目了。

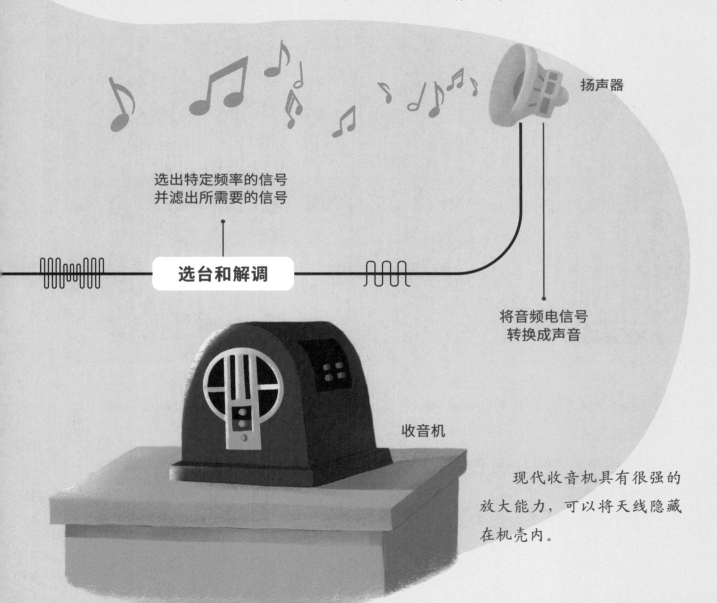

扬声器

选出特定频率的信号
并滤出所需要的信号

选台和解调

将音频电信号
转换成声音

收音机

现代收音机具有很强的
放大能力，可以将天线隐藏
在机壳内。

9

调频与调幅

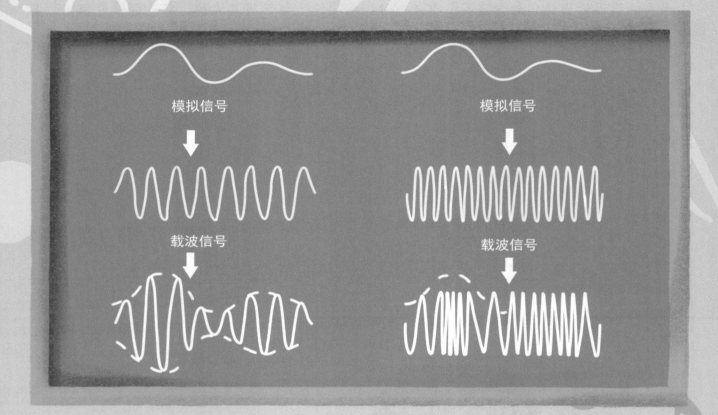

模拟信号　　　　　　　　　　　　模拟信号

载波信号　　　　　　　　　　　　载波信号

　　要把音频信号加载到高频电磁波上，最常用的调制方式有两种：AM（调幅）与 FM（调频）。

　　AM 是幅度调制，通过改变高频信号的波形，让波形的幅度随着要被传输的信号的波形变化而变化。

　　FM 则是频率调制，通过调整高频信号的频率，让频率随着波形的变化而变化。

FM 的优点是可以抵抗电风暴等因素的干扰，音质更好。缺点是比较本地化，不能远距离传输。

★北京

AM 的优点是可以传送到更远的地方，缺点是信号更容易受到干扰。

◉ 成都

早期的收音机

20 世纪初，一种利用矿石检波器的矿石收音机出现了。它是最简单的无线电接收装置，无须电源、线路简单、容易制作，也因此直到现在还有许多爱好者在不断学习组装和改进它。

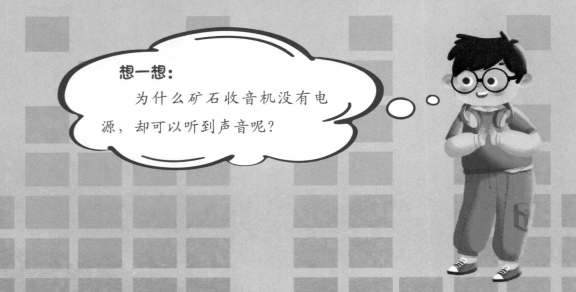

想一想：

为什么矿石收音机没有电源，却可以听到声音呢？

20 世纪 20 年代，电子管收音机得到广泛应用。电子管收音机相较于早期的矿石收音机来说，最大的优势在于音质浑厚且操作方便，使用者不需要具有专业的电子基础便可以操作。而且，由于电子管可以对电路进行放大，这种收音机对信号强度的要求相对低很多，这一优势为电台的架设与普及提供了良好的硬件基础。

之后，随着晶体管的问世，人们开始用这样小巧的、功率低的电子器件来代替电子管。晶体管收音机体积更小，重量更轻，耗电更少，性能也更加稳定。

电子时代新纪元

　　1958 年，美国的杰克 · 基尔比和罗伯特 · 诺伊斯发明了集成电路，人们在此基础上研制出了集成电路收音机。集成电路的出现使得电子元件向微小型化、低功耗、可靠性高的方向迈进了一大步。

　　集成电路收音机于 20 世纪 80 年代开始在我国普及，那时，大街上随处可见提着录音机去跳舞的、追赶潮流的年轻人。

无处不在的广播

  公共广播是在一定地区内为大家服务的广播系统，它在我们的日常生活中随处可见，是公共场合中必不可缺的构成部分。

  广播电台是采编、制作并利用无线电波向一定区域的受众传送声音节目的大众传播机构。它是通过无线电波或导线进行通信的新闻传播工具。

想 一 想

对于广播, 你还知道
哪些应用呢?

17

尾声

小科告别费森登，回到家中。晚上，小科找来了爷爷的收音机，收音机里传出了美妙的音乐，在音乐声中，小科进入了梦乡……

ISBN 978-7-5770-0051-0

定价：26.00 元

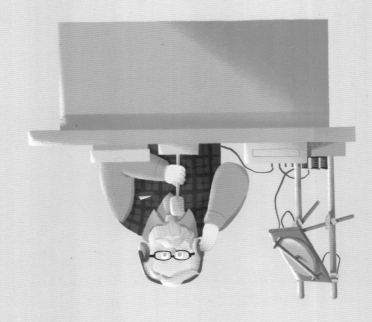